BEI GRIN MACHT SICH IHR WISSEN BEZAHLT

- Wir veröffentlichen Ihre Hausarbeit,
  Bachelor- und Masterarbeit

- Ihr eigenes eBook und Buch -
  weltweit in allen wichtigen Shops

- Verdienen Sie an jedem Verkauf

Jetzt bei www.GRIN.com hochladen
und kostenlos publizieren

Elisabeth Junge

Verdunstung. Physikalische Grundlagen und regionale bis globale Verteilung

GRIN Verlag

Bibliografische Information der Deutschen Nationalbibliothek:

Die Deutsche Bibliothek verzeichnet diese Publikation in der Deutschen National-
bibliografie; detaillierte bibliografische Daten sind im Internet über http://dnb.d-
nb.de/ abrufbar.

Impressum:

Copyright © 2008 GRIN Verlag, Open Publishing GmbH
Druck und Bindung: Books on Demand GmbH, Norderstedt Germany
ISBN: 978-3-640-51262-1

Ludwig-Maximilians-Universität München
Department für Geo- und Umweltwissenschaften
SS 2008
Proseminar Hydrologie

<u>Verdunstung:</u>

<u>physikalische Grundlagen und</u>

<u>regionale bis globale Verteilung</u>

vorgelegt von: Elisabeth Junge

Studiengang: Lehramt für Gymnasien (Deutsch, Erdkunde)
Fachsemester: 4
vorgelegt am: 28. Mai 2008

Gliederung

Abbildungsverzeichnis:

1. Einleitung

Die Verdunstung spielt im Wasserkreislauf eine ganz entscheidende und gewichtige Rolle. Ihre Ermittlung ist neben Niederschlag und Abfluss eine der wichtigsten Größen der Wasserbilanz und gehört in der hydrologischen Grundlagenforschung seit mehreren Jahren zu den bevorzugten Themen (KELLER 1980, 27).

Anhand der folgenden Abbildung, möchte ich kurz noch näher auf den Stellenwert eingehen, den die Verdunstung im Wasserkreislauf einnimmt.

Abb. 1: Der Wasserkreislauf. http://www.geolinde.musin.de/glossar/themen/wasserkreislauf.htm

Deutlich erkennbar ist, dass Verdunstung über dem Meer als große freie Wasserfläche ebenso stattfindet, wie über Seen und Flüssen. Ferner gibt es auch Verdunstung über mit Pflanzenwuchs und Schnee bedeckten Gebieten. Verdunstung findet allgemein gesagt also auf der gesamten Erdoberfläche statt und ist somit enorm wichtig für das Gleichgewicht des Wasserhaushaltes. Wie es sich nun in verschiedenen Gebieten jeweils mit der Verdunstung verhält und welche physikalischen Grundlagen zu diesem Vorgang gehören, werde ich in der vorliegenden Arbeit erörtern.

2. Allgemeines zur Verdunstung

Unter Verdunstung wird der Übergang des Wassers vom flüssigen oder festen in den gasförmigen Zustand verstanden, wobei dazu die Aufnahme von latenter Wärme notwendig ist. Mit latenter Wärme ist der Wert von 2453,4 J/g bei einer Temperatur von 20°C und einem konstanten Druck von 1013hPa gemeint. (WILHELM 1997, 145) Der

Wasserdampf gelangt durch den Verdunstungsvorgang dann von den Wasseroberflächen oder vom Festland in die Atmosphäre. (LAUER 1993, 66) Neben den Niederschlägen stellt der Vorgang der Verdunstung die Verbindung zwischen den getrennten Wasservorkommen der Erde, womit das Vorhandensein von Wasser im Meer, der Atmosphäre und auf dem Festland gemeint ist, her. (WECHMANN 1964, 381) Ferner ist es die Höhe der Verdunstung, die darüber entscheidet, „was von der Wassereinnahme aus dem Niederschlag für den Abfluss und damit für die weitere Wassernutzung übrig bleibt." (KELLER 1980, 27) Insgesamt ist es so, dass 64% auf den Landflächen, auf dem Weltmeer 103 – 116% und auf der gesamten Erde 100% des Niederschlagsvolumens von 973 l/m³ verdunsten. Allerdings entziehen sich die verdunsteten Wassermengen zum größten Teil der Wasserbewirtschaftung. Die Verdunstung ist aber nicht nur ein wichtiger Teil des Wasserhaushaltes, sondern auch des Wärmehaushaltes der Erde. Sie ist durch die energetische Verflechtung ein extrem wichtiger Faktor für die atmosphärische Zirkulation sowie für das Klima. (BAUMGARTNER 1990, 327)

3. Physikalische Grundlagen

Aus physikalischer Sicht ist die Verdunstung als „der unterhalb des Siedepunktes erfolgende langsame Übergang einer Flüssigkeit in den gasförmigen Zustand" definiert. Im Hinblick auf das Wasser ist hiermit dessen Übergang vom flüssigen bzw. festen Zustand in die Form von Wasserdampf zu verstehen. (WECHMANN 1964, 379) Damit Verdunstung stattfinden kann, wird Wärmeenergie benötigt, welche aus der umgebenden Luft bezogen wird. Aufgrund dessen ist die Verdunstung ein Prozess, der mit Abkühlung verbunden ist. Spricht man von Sublimation, so ist die Verdunstung von Eis- und Schneeflächen gemeint. Diese Art der direkten Verdunstung benötigt eine ca. 10% höhere Energiemenge als die zur Verdunstung von Wasser benötigte, die bei 2374 Joule pro Gramm liegt. (LAUER 1993, 67)

Spricht man von Verdunstung, so lässt sich dieser Vorgang generell in zwei verschiedene Arten untergliedern: Zum einen gibt es die Evaporation. Hiermit ist die passive Verdunstung der vegetationsfreien Landoberfläche (BENDIX 2004, 110) beziehungsweise die Verdunstung gemeint, die überall dort stattfindet, wo Wasser in jedweder Form vorhanden ist. Damit sind Eis- wie auch Wasserflächen jeder Art gemeint. Über den großen Wasserflächen der Meere ist die Evaporation am bedeutendsten. (WECHMANN 1964, 381) Zum anderen gibt es noch den Vorgang der sogenannten Transpiration. Mit diesem Begriff ist die aktive Verdunstung der Vegetation gemeint. (BENDIX 2004, 110) Hierbei wird das Wasser, „das zum Nährstofftransport aus dem Boden und in der Pflanze benötigt wurde, durch die Stomata, die Spaltöffnungen an den Blattunterseiten, abgegeben." (WILHELM 1997, 144)

Die Summe von Evaporation und Transpiration wird als Evapotranspiration bezeichnet. Sie bezeichnet die Gesamt- oder auch Landverdunstung von bewachsenen und unbewachsenen Oberflächen: ET = E + T

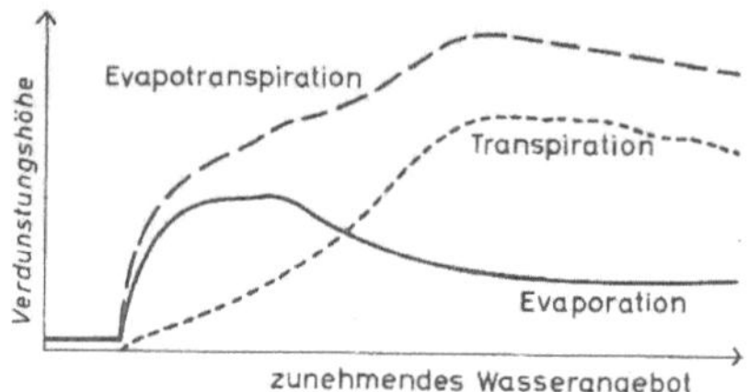

Abb. 2: Schema der Relation von Evaporation und Transpiration. LAUER 1993, 67

Abbildung 2 zeigt das Schema der Relation von Evaporation und Transpiration. Es wird deutlich, dass die Evaporation, nachdem sie mit zunehmendem Wasserangebot ein Verdunstungsmaximum erreicht hat, leicht abfällt, um dann stetig gleichzubleiben, wohingegen die Rate der Transpiration zwar später ihr Maximum erreicht, dieses jedoch länger beibehält, um dann stetig eine größere Verdunstungshöhe aufzuweisen als die Evaporation. Die Evapotranspiration ist hier als die Summe aus den beiden zuvor genannten Vorgängen dargestellt. Dass die Transpiration später ihr Verdunstungsmaximum erreicht als die Evaporation, kann daran liegen, dass das Wasser erst durch die Pflanze aus dem Boden wieder an die Oberfläche gelangen muss und natürlich auch Wasser in der Pflanze behalten wird, um deren lebenswichtige Funktionen zu versorgen. Somit geben Pflanzen dann erst bei einem größeren Wasserangebot Wasser zur Verdunstung frei, als dies bei unbewachsenen Flächen geschieht, da hier das Wasser „nur" aus dem Boden gezogen werden muss.

Bezieht man noch mit ein, dass bei geschlossenen Pflanzenbeständen ein Teil des Niederschlags durch das Blattwerk zurückgehalten wird und somit nicht den Boden erreicht, sondern sofort verdunstet wird (= Interzeption), setzt sich die Gesamtverdunstung (V) einer bewachsenen Oberfläche aus den Komponenten der Evaporation (E), Transpiration (T) und der Interzeption (I) zusammen: V = E + T + I.

Allgemein wird die Verdunstung genauso wie der Niederschlag in mm/Wasserhöhe (= Litern je m²) pro Zeiteinheit angegeben. (LAUER 1993, 67) Ferner wird noch zwischen der aktuellen und potentiellen Verdunstung unterschieden. Unter der aktuellen oder auch effektiven Verdunstung versteht man die von einer Landfläche real verdunstende Wassermenge. Diese hängt von der vorhandenen Energie und vom verfügbaren Wasser ab. Mit der potentiellen Evapotranspiration ist die klimatische Verdunstungskraft gemeint. Hiermit wird die Wassermenge bezeichnet, die bei gegebener Energie verdunsten würde, wenn die Landoberfläche vollkommen mit Pflanzen bei ausreichender Wasserversorgung bestanden wäre. (WILHELM 1997, 144) „Bei der Verdunstung von Wasserflächen erreichen beide Größen im Allgemeinen den gleichen Wert." (LAUER 1993, 68)

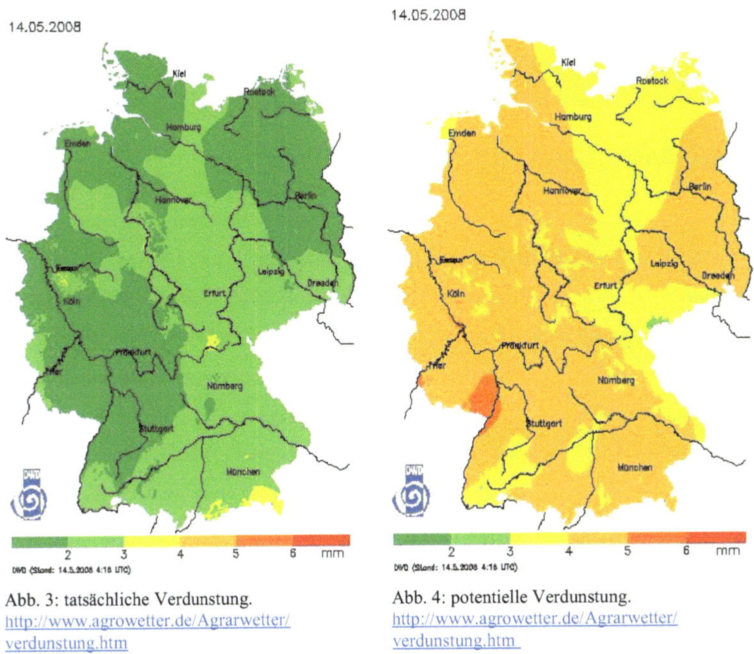

Abb. 3: tatsächliche Verdunstung.
http://www.agrowetter.de/Agrarwetter/
verdunstung.htm

Abb. 4: potentielle Verdunstung.
http://www.agrowetter.de/Agrarwetter/
verdunstung.htm

Die Abbildungen 4 und 5 zeigen stellen jeweils die reale und die potentielle Evaporation als Tageswert dar. Es wird hier deutlich, dass die potentielle Verdunstung die bei den meteorologischen Randbedingungen maximal mögliche Verdunstung darstellt wohingegen die tatsächliche Evaporation jenen Wert widerspiegelt, der durch die im Boden gegebenen Wasservorräte möglich ist. Die aktuelle Verdunstung ist immer kleiner bzw. gleich der potentiellen Verdunstung. Das Wachstum der Pflanzen ist immer dann reduziert, wenn die tatsächliche Verdunstung kleiner ist als die potentielle, da Pflanzen Wasser verdunsten müssen, um wachsen zu können. Herrscht eine niedrige Verdunstungsrate, so erwärmt sich die Luft stärker und daraus resultiert eine höhere potentielle Verdunstungsrate. (DWD 2008)

Die Verdunstung orientiert sich während des Tages an der Strahlungsbilanz, dem Sättigungsdefizit der Luft und an den Regelmöglichkeiten der Vegetation. Ebenso wie die Strahlungsbilanz zeigen auch der Niederschlag und die daraus resultierende Wasserverfügbarkeit im Boden deutliche Auswirkungen auf die Verdunstung. Der Bodenspeicher, der durch jeden Niederschlag aufgefüllt wird, erfährt ebenso in den darauf folgenden Trockenphasen aufgrund der kontinuierlichen Verdunstung eine Entleerung. Dauern Trockenphasen länger, so gerät die Vegetation unter Trockenstress und passt ihre Transpiration der Wasserverfügbarkeit an, wodurch die Evapotranspiration allgemein zurückgeht. (BENDIX 2004, 110 f.)

3.1. Evaporation

Unter Evaporation versteht man vom rein physikalischen Standpunkt betrachtet „die erfolgende Verdunstung der unbewachsenen Erdoberfläche (Boden-, Schnee-, Eisverdunstung), des auf Pflanzenoberflächen zurückgehaltenen Niederschlags (Interzeptionsverdunstung) und von freien Wasserflächen (Gewässerverdunstung)." (DYCK 1995, 180) Der Wärmehaushalt des Wasserkörpers bestimmt den kinetischen Prozess des Verdampfens von Wasser aus einer freien Wasseroberfläche. Das Sättigungsdefizit stellt eine wichtige Einflussgröße dar und solange die Luft nicht vollkommen gesättigt ist, kann die Verdunstung von freien Gewässerflächen erfolgen. (DYCK 1995, 180f.) Die Verdunstung von Wasser erfolgt umso stärker, je geringer der Dampfdruck ist. Bei niedrigem Druck und der daraus resultierenden geringen Dichte der Luft werden mehr Wassermoleküle durch die Wasseroberfläche austreten als bei höherem Druck, da ihnen aufgrund der dichteren Packung der Luftmoleküle ein größerer Widerstand entgegenkommt. (WECHMANN 1964, 383/387) Der Abtransport des Wasserdampfes wird geregelt durch Diffusion[1], Konvektion[2] und durch advektive Luftbewegungen[3]. (DYCK 1995, 180f.) Durch die Bewegung der Luft erfolgt ein direkter Lufttransport und somit ein Austausch der feuchtereichen und trockenen Luft.

---

[1] Zerstreuungs- und Vermischungsprozesse von Luftbestandteilen
[2] vertikal aufsteigende Luftbewegung von Luftmassen, welche durch Einstrahlung erwärmt wurden
[3] Wind

Nicht vernachlässigbar ist dabei die Größe der betrachteten Wasserfläche. Denn bei kleinen Wasserflächen, über denen der aufsteigende Wasserdampf sehr schnell durch die Luftbewegung wegtransportiert wird, ist die verdunstende Wassermenge größer als über Wasserflächen, die sehr ausgedehnt sind. Hinzu kommt noch, dass über freien Wasserflächen durch starken Wind die verdunstende Oberfläche vergrößert wird, da sich Windwellen bilden. Beim Verdampfen des Wassers von einer freien Wasseroberfläche spielt die Dichte des Wassers eine entscheidende Rolle. So verdunstet bei gleichen Bedingungen eine geringere Wassermenge von der Oberfläche einer Salzwasserfläche als von der eines Binnengewässers. (WECHMANN 1964, 382/ 386f.) Somit stellen Strahlung[4], Sättigungsdefizit und Windgeschwindigkeit die wesentlichen Einflussgrößen bei der Gewässerverdunstung dar. Auch bei der Evaporation von unbewachsenem Boden nehmen diese Einflussgrößen einen wichtigen Stellenwert ein. Die Bodenverdunstung wird allerdings allein durch meteorologische Einflussgrößen bestimmt, wenn die Bodenoberfläche gesättigt ist und somit wie eine freie Wasserfläche verdunstet. Erst bei Austrocknung der Bodenoberfläche, die wegen andauernder Verdunstung und fehlendem Niederschlag auftritt, entstehen sogenannte Potentialgradienten zwischen der Oberfläche und den tieferen Bodenschichten. Die Evaporation des ungesättigten Bodens hängt infolgedessen von der aufwärtsgerichteten Bodenwasserbewegung[5] und somit vom Bodenfeuchtegehalt und der ihm entsprechenden Saugspannung ab. Intensität, Dauer und zeitliche Verteilung des Niederschlags beeinflussen die Interzeptionsverdunstung ebenso wie Windgeschwindigkeit und Vegetationsparameter[6]. Buchen weisen in Wäldern beispielsweise eine weitaus geringere Interzeption als Fichten auf. Es kommt sogar vor, dass bei einzelnen Niederschlagsereignissen, die allerdings nur geringe Wassermengen „abwerfen", die Interzeptionsverdunstung daran einen Anteil von 60% und mehr aufweist. Allgemein zusammengefasst hängt die Verdunstungshöhe vom atmosphärischen Energie- und Wasserangebot aber auch von dessen Modifizierung durch die Standortfaktoren Boden und Vegetation ab. (DYCK 1995, 180f.)

Betrachtet man die Evaporation von Schnee und Eis, so fällt auf, dass diese allgemein geringer ausfällt, als die der freien Wasserflächen. Ferner muss die Taupunkttemperatur über dem Gefrierpunkt liegen. Auch die Struktur des Schnees spielt bei der Verdunstung eine Rolle, wobei sie allerdings auch durch die Oberflächenbeschaffenheit

---

[4] Lieferant der Energie, die zur Verdunstung erforderlich ist
[5] Kapillaraufstieg
[6] Art, Alter, Bestandsdichte, Blattfläche, Benetzungswiderstand, jahreszeitliche Entwicklung

und eventuell durch Verschmutzungen beeinflusst wird, die die Schmelztemperatur herabsetzen. Die Verdunstung bei Eis ist größer als die bei Schnee wegen der besseren Wärmeleitfähigkeit und der daraus resultierenden geringeren Unterkühlung des Eises. (WECHMANN 1964, 390f.)

3.2 Transpiration

Der Vorgang der Transpiration ist abhängig von den Eigenschaften des Bodens, der Vegetation und ebenso von der Atmosphäre. Der Boden, der als Speicher für das Wasser fungiert, bindet das Wasser umso fester, je geringer der Wassergehalt wird. Desweiteren sind die jeweilige Wurzeloberfläche und die Leitfähigkeit für den Transport des Wassers von Bedeutung. Ist die Leitfähigkeit im Boden hoch und sind die Wurzeloberflächen groß, so wird der Übergang des Wassers in die Wurzeln erleichtert. Der Wassertransport nimmt allerdings rasch ab, wenn der Wassergehalt im Boden abnimmt, da so auch die Leitfähigkeit zurückgeht. Der Transport des Wassers in der Pflanze wird durch die Wurzeln, das Xylem sowie zuletzt durch den Blattbereich ermöglicht. Durch die Wurzeln wird das Wasser aufgenommen. Durch das Xylem[7] kann das Wasser ohne Reibungsverluste in den Blatt- bzw. Nadelbereich fließen, wo es durch die Stomata, die je nach Wassergehalt in der Pflanze geöffnet oder geschlossen werden, in die Atmosphäre abgegeben wird. (REIMER 1977, 37) Pflanzen könnten, wenn eine unbegrenzte Wasserversorgung gegeben wäre, mehr als eine freie Wasseroberfläche verdunsten beziehungsweise durch die Stomata „vergasen". Unbedingt zu beachten ist auch, dass die Transpiration bei gleichen Pflanzenarten mit steigendem Zuwachs stetig zunimmt. (WILHELM 1997, 147) Allgemein ist noch anzumerken, dass die Pflanzen verschiedene Mechanismen in Gang setzen, um die Transpiration zu vermindern, wenn der Wasservorrat im Boden durch einen beispielsweise trockenen Sommer geringer wird. Somit wird die Evapotranspiration gedrosselt, je weniger Wasser im Boden vorhanden ist. (STRAHLER 1999, 204)

An Abbildung 3 kann man sehr gut erkennen, wie das Zusammenspiel von den verschiedenen Faktoren, die zur Transpiration bei Pflanzen notwendig sind, funktioniert. Evaporation findet vom Boden her wie auch durch Interzeption von den Blättern der Pflanzen statt. Transpiration erfolgt dann, wenn genug Wärme vorhanden ist, durch die Stomata der Blätter und stattfindender Niederschlag sorgt dafür, dass

---

[7] komplexes, holziges Leitgewebe

genug Wasser im Boden vorhanden ist, welches durch die Pflanze hin zu den Blättern transportiert werden kann.

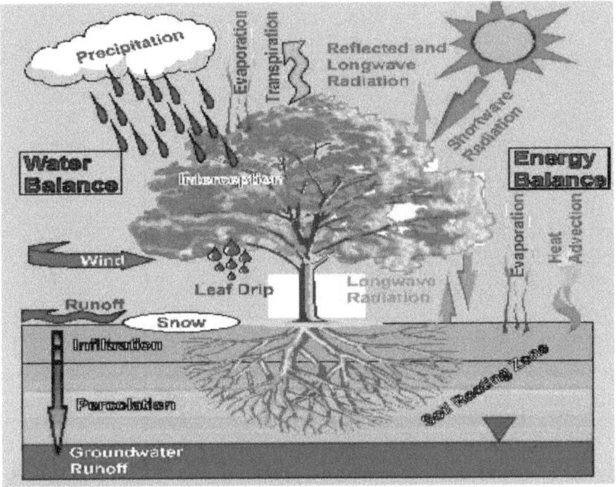

Abb. 5: The land surface process model. http://www.ph.unito.it/~cassardo/lspm/lspm.html

4. Regionale Verdunstungsverteilung

Um die regionale Verteilung der Verdunstung anschaulich darzustellen, wird im folgenden Karten- und Datenmaterial der Schweiz aufgelistet und ausgewertet.

Zuallererst fällt sicherlich die Höhenabhängigkeit der Verdunstung auf. Hohe Werte sind hier im Rheintal und bei den alpinen Tallagen zu finden. Deutlich niedriger liegen diese in den Bergregionen, was aus der zunehmenden Höhe, der länger andauernden Schneebedeckung und den allgemein tieferen Temperaturen resultiert. Zu diesen Faktoren kommen noch die in den Bergen häufig flachgründigen Böden mit geringem Wasserspeicherungsvermögen und der teils spärlichen Vegetationsbedeckung, welche kürzere Wachstumsphasen aufweist. Ebenso ist ein Großteil der Flächen in den Alpen nahezu vegetationsfrei und die Verdunstung von Fels- oder Eisflächen ist sehr gering. Vergletscherte Gebiete sind auf der Isolinienkarte (Abb.7) wie auch auf der Karte der mittleren Jahresverdunstung (Abb.6) als Gebiete mit einer äußerst geringen Verdunstung wiederzuerkennen. Im Gegensatz dazu fallen einige Höhenzüge des Mittellandes als verdunstungsreiche Gebiete auf. Die hohe Transpiration und Evaporation von waldbestandenen Flächen ist hier als Grund zu nennen. Vor allem die Lagen am und um den Genfer See treten als klimatische Gunstregionen hervor, da in der Schweiz die Seenverdunstung mit Abstand die höchsten Werte erreicht. Durch die Kombination von Einflüssen wie Klima, Exposition, Höhenlage, Landnutzung und

Bodenbeschaffenheit ergibt sich ein sehr flächendifferenziertes Bild der Evaporation in der Schweiz. Kleine Variationen bei den Verdunstungswerten sind in Abbildung 6 sehr wohl zu sehen, wohingegen die Darstellung der Isolinienkarte solche Abweichungen aufgrund der Generalisierung weglässt.

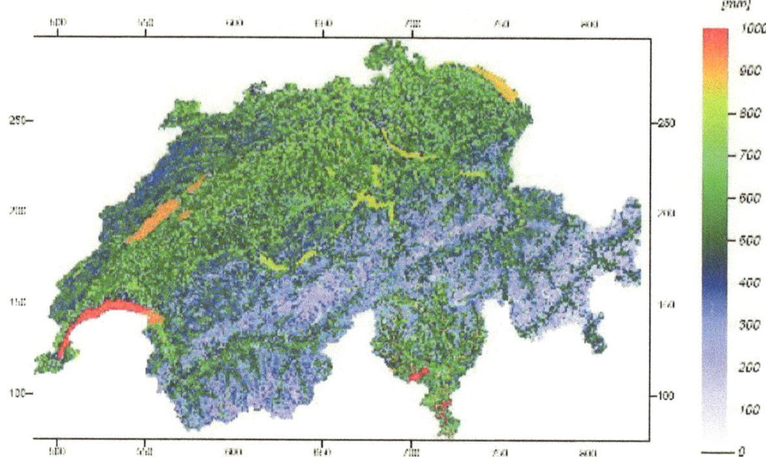

Abb. 6: Mittlere Jahresverdunstung des Zeitraumes 1973-1992 in der Schweiz (Pixeldarstellung). Die räumliche Auflösung beträgt einen Quadratkilometer. Die Achsenbeschriftung entspricht dem schweizerischen Koordinatensystem in Kilometern. http://www.pik-potsdam.de/research/publications/pikreports/.files/pr54.pdf

Der Grund für das Auftreten solcher Variationen liegt oftmals in räumlich häufig wechselnden Landnutzungen, wie z. B. im Mittelland der Schweiz. Hier ergibt sich im Besonderen ein Wechsel zischen forst- und landwirtschaftlich genutzten Flächen. Auch dichter besiedelte Regionen wie um den Genfer- oder Zürichsee weisen oft Teilgebiete auf, in denen nur geringe Verdunstungswerte gemessen werden können. Als Grund hierfür ist die Bebauung und Versiegelung von Flächen zu nennen. Auch im Raum von Tessin zeigt sich ein differenziertes Bild hinsichtlich der Evaporation. Allgemein hohe Verdunstung herrscht in den Tälern, wohingegen in den Bergen nur sehr niedrige Verdunstungswerte gemessen werden konnten. Im allerdings überwiegend mit Wald bestandenen Jura oder in den Tälern des Engadin fällt die räumlich einheitliche Verdunstungsrate auf. (MENZEL 1999, 19)

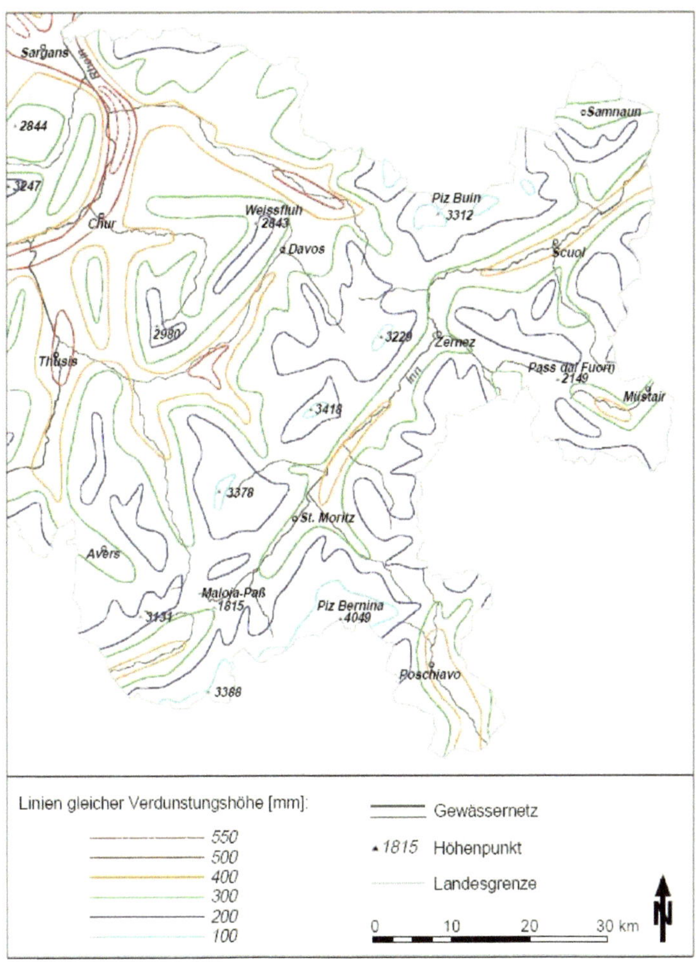

Abb. 7: Isoliniendarstellung mittlerer jährlicher Verdunstungshöhen (1973–1992) in Graubünden. Ausschnitt aus der für die gesamte Schweiz vorliegenden Karte. http://www.pik-potsdam.de/research/publications/pikreports/.files/pr54.pdf

Um den Zusammenhang, der zwischen Verdunstungsrate und Temperatur bzw. Höhe herrscht, genau darzustellen, finden sich im folgenden noch je eine Reliefkarte der Schweiz (Abb. 8) und eine Karte, auf der die räumliche Verteilung der Jahresmitteltemperatur in der Schweiz (Abb. 9) dargestellt ist. Ganz allgemein kann gesagt werden, dass die Verdunstung normalerweise zunimmt, je wärmer es wird, da die

Strahlungsenergie für den physikalischen Vorgang gebraucht wird. Je kälter es allerdings wird und dies geschieht z.B. durch eine Zunahme an Höhe, desto weniger kann verdunsten.

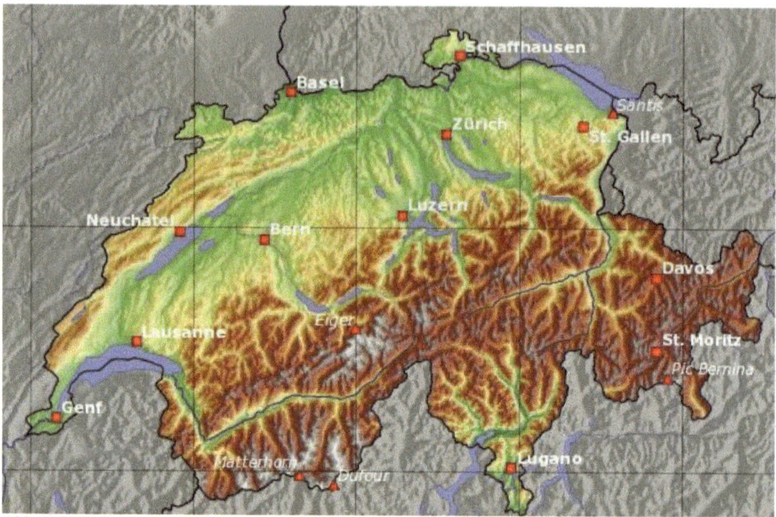

Abb. 8: Reliefkarte der Schweiz.
http://www.mygeo.info/landkarten/schweiz/Schweiz_Topographie_Staedte.png

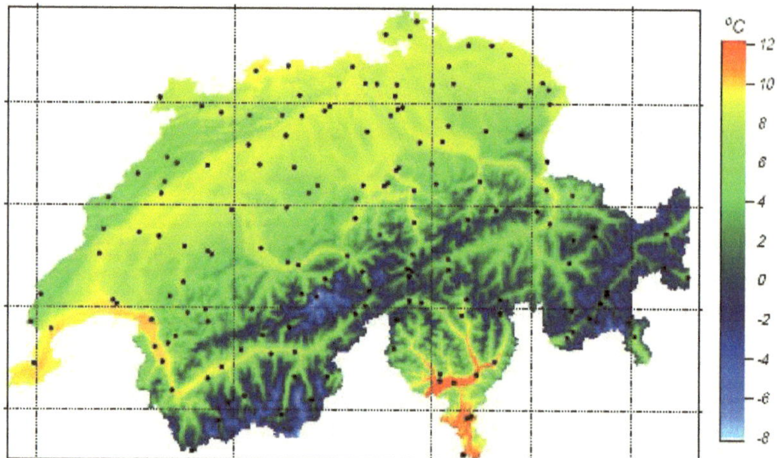

Abb. 9: Räumliche Verteilung der Jahresmitteltemperatur des Zeitraumes 1973–1992 in der Schweiz. Punkte geben die Lage der zur Interpolation verwendeten Klimastationen wieder. Die Karte entstand aus der Zusammenfassung täglicher Interpolationsfelder. Die Abstände der Gitternetzlinien betragen 50 km.
http://www.pik-potsdam.de/research/publications/pikreports/.files/pr54.pdf

5. Globale Verdunstungsverteilung

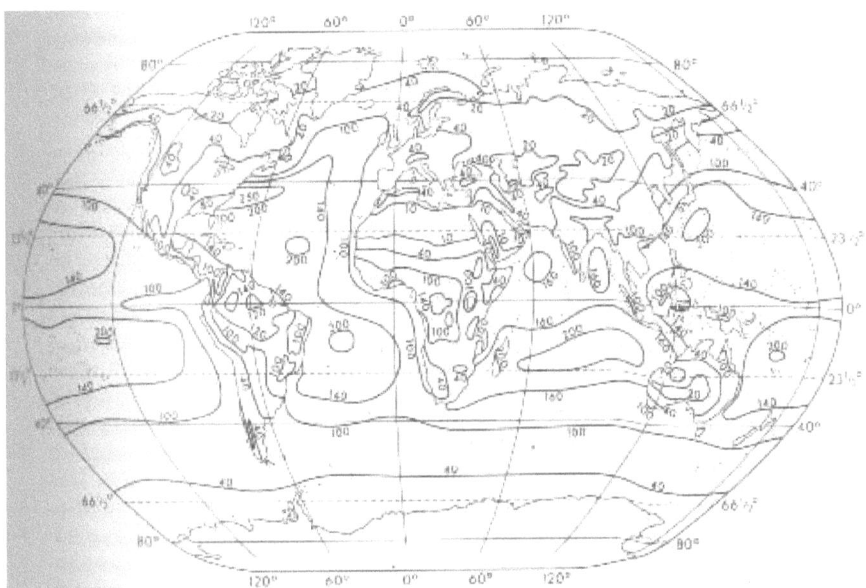

Abb. 10: Mittlere jährliche Verdunstung weltweit in cm. Stark verkleinerte und generalisierte Wiedergabe der detaillierten Karte im Maßstab 1:75 Mill. Von Baumgartner und Reichel (1975). BLÜTHGEN 1980, 207

„Der Wasserdampf in der A. stammt letztlich von der Verdunstung über dem Meer, denn auch die auf dem Lande verdunstende Feuchtigkeit ist erst im Rahmen des Wasserkreislaufs vom Meere dorthin gekommen." (BLÜTHGEN 1980, 206) Während ein Teil der Meeresverdunstung direkt wieder über den Ozeanen ausfällt, gelangt der andere Teil mit den maritimen Luftmassen hin zum Festland, wo Niederschläge den Boden durchfeuchten, in humiden Gebieten ein Grundwasservorrat entsteht und der Rest, soweit er nicht an Ort und Stelle verdunstet, wieder zum Weltmeer zurückfließt. Allgemein besteht ein großer Unterschied zwischen den Verdunstungswerten über den Ozeanen und den Kontinenten. Dies liegt daran, dass der über Land von den Niederschlägen her begrenzte Wasservorrat im Boden die tatsächlich verdunstende Wassermenge begrenzt. Im Bereich der äquatorialen immergrünen Tieflandsregenwälder[8] übertreffen die Werte der maximalen Evapotranspiration über Land mit 130-140 cm/Jahr diejenigen der äquatornahen Ozeane. Die niedrigere

---

[8] Amazonien, Congo Borneo, Neu-Guinea

15

Verdunstung über diesem Meeresgebiet kann noch reduziert werden durch den Einfluss der nach Westen setzenden Ausläufer von Kaltwasserströmen wie zum Beispiel westlich von Südamerika und Afrika. Allerdings ist die Meeresverdunstung nahe dem Äquator auch ohne den Einfluss der Wassertemperatur wegen der starken Bewölkung geringer als in den äußeren Tropen. Mittelt man die Höhe der jährlichen Meeresverdunstung, so beträgt diese 1176 mm/Jahr, wohingegen die Landverdunstung gemittelt nur einen Wert von 480 mm/Jahr erreicht.

Die größten Mengen verdunsten mit ca. 2m/Jahr über den Meeresgebieten in den äußeren Tropen nahe am Wendekreis der Nordhalbkugel. Auf der Südhalbkugel befindet sich dieses Gebiet bei rund 10°. Die Nettostrahlungsbilanz im Einflussbereich des randtropischen Hochdruckgürtels ist in den äußeren Tropen am größten und über den westlichen Teilen der Ozeane ist die Wassertemperatur bei großer Entfernung zu den Kaltwasserströmen im Ostteil am höchsten. Von den äußeren Tropen verringert sich die Verdunstung über den Ozeanen mit zunehmender Breite von 1300 mm/Jahr zwischen 0° und 30° auf 812 mm/Jahr zwischen 30° und 60°. In der Polarkalotte zwischen 60° und 90° beträgt die Verdunstung pro Jahr nur noch 176 mm. Der Grund hierfür ist die Verminderung der Nettostrahlungseinnahme sowie zusätzlich die Abnahme von Luft- und Wassertemperatur. Über dem Golfstrom ergibt sich aus dem Zusammenwirken von warmen Wasser, relativ großem Sättigungsdefizit der vom Land kommenden Luft und extrem starkem turbulentem Austausch ein Verdunstungsmaximum von 2500 mm/Jahr vor der nordamerikanischen Ostküste, trotzdem die Globalstrahlung bei 40° N bedeutend geringer ist als über den randtropischen Ozeanen. Am Rand des Nordpolarmeeres beträgt die Verdunstung nur noch 100 mm/Jahr. Über den Kontinenten der Tropen abseits der immergrünen äquatorialen Regenwälder im Bereich der Feuchtsavannen[9] erreicht die Jahresverdunstung einen Wert von ca. 1000 mm. Von dort aus nehmen die Verdunstungswerte bis hin zu den echten Wüsten konstant ab. In den subtropischen Gebieten mit Regenfeuchte[10] ist ein Wert von 700 mm/Jahr charakteristisch. In den immerfeuchten Mittelbreiten (50-55°) ist ein Jahresverdunstungswert von 400-500 mm normal. Den Tundren-Zonen mit 100-200 mm Verdunstungshöhe pro Jahr stehen die kontinentalen Eisschilde Grönlands bzw. die Antarktis gegenüber, wo Minimalwerte

---

[9] Guinea-Länder, Brasilien, Nord-Australien
[10] Küste Kaliforniens, Nord-Westen der Iberischen Halbinsel

von 10-25 mm/Jahr herrschen. In Deutschland beläuft sich der Wert der Gebietsverdunstung auf ca. 500 mm/Jahr. (BLÜTHGEN 1980, 206f.)

6. Fazit

Abschließend ist zu sagen, dass die Verdunstung im Wasserkreislauf der Erde eine bedeutende Rolle einnimmt. Neben Niederschlag und Abfluss stellt sie eine entscheidende Größe dar, wobei sich der Abfluss aus der Differenz von Niederschlag und Verdunstung ergibt.

Allgemein ist der Wert der Verdunstung von vielen verschiedenen Einflussfaktoren abhängig, die sowohl klimatologisch als auch geographisch erklärbar sind.

Die geographischen und klimatologischen Einflussfaktoren sind oftmals abhängig voneinander. So ist der Dampfdruck der Luft abhängig von der Temperatur und diese wiederum ändert sich mit dem Strahlungsangebot, sodass allgemein eine Temperaturänderung auch eine Änderung der Verdunstungswerte bewirkt. Das Strahlungsangebot wiederum variiert, je nachdem, ob man sich auf der Süd- oder Nordhalbkugel der Erde befindet und wird ebenso beeinflusst von der Exposition eines Gebietes in dem z.B. die Verdunstung gemessen werden soll. Dennoch bedeutet eine hohe Nettoeinstrahlung noch lange nicht, dass sehr hohe Temperaturen herrschen und somit eine hohe Evapotranspiration vorhanden ist, da auch Faktoren wie Höhe, Pflanzenbestand und Bodenbeschaffenheit diesen Vorgang sehr beeinflussen.

Große regionale Unterschiede bei der Verdunstungshöhe lassen sich jedoch nicht immer generalisieren, sondern bedürfen einer genauen und eingehenden Betrachtung der jeweils vor Ort herrschenden Zustände. So können die Verdunstungswerte von zwei unterschiedlichen Gebieten, in denen dichter Waldbestand herrscht, trotzdem sehr voneinander abweichen, da auch Einflüsse wie Niederschlag, Sonneneinstrahlung, Bodenbeschaffenheit und diverse Unterschiede beim Pflanzenbestand eine entscheidende Rolle spielen.

Literaturverzeichnis:

BAUMGARTNER, A und LIEBSCHER, H-J. 1990: Allgemeine Hydrologie.
Quantitative Hydrologie. Gebrüder Borntraeger, Berlin-Stuttgart.

BLÜTHGEN, J und WEISCHET, Q. 1980: Allgemeine Klimageographie. de Gruyter
Berlin, New York.

BENDIX, J. 2004: Geländeklimatologie. Gebrüder Borntraeger Verlagsbuchhandlung
Berlin, Stuttgart.

DYCK, S und PESCHKE, G. 1995: Grundlagen der Hydrologie. Verlag für Bauwesen
GmbH, Berlin.

KELLER, R. 1980: Hydrologie. Wissenschaftliche Buchgesellschaft, Darmstadt.

LAUER, W. 1993: Klimatologie. Westermann Schulbuchverlag GmbH, Braunschweig.

REIMER, H. 1977: Einführung in die Hydrologie. Teubner-Studienbücher:Geographie,
Stuttgart.

STRAHLER, A.H. 1999: Physische Geographie. UTB für Wisschenschaft, Stuttgart.

WECHMANN, A. 1964: Hydrologie. R. Oldenbourg München, Wien.

WILHELM, F. 1997: Hydrogeographie. Westermann Schulbuchverlag GmbH,
Braunschweig.

Internetquellen:

Deutscher Wetterdienst: http://www.agrowetter.de/Agrarwetter/verdunstung.htm
(Stand 14. 05. 2008)

http://www.geolinde.musin.de/glossar/themen/wasserkreislauf.htm (Stand 02.05.2008)

MENZEL, L. 1999: http://www.pik-
potsdam.de/research/publications/pikreports/.files/pr54.pdf (Stand 14. 05. 2008)